Ane.   Blaireau.

Caméléon.   Devin.

Eléphan.   Furet.

L'ABÉCÉDAIRE

DU PETIT NATURALISTE,

CONTENANT TOUT CE QU'IL EST NÉCESSAIRE

D'APPRENDRE

AUX ENFANS,

Et un petit abrégé de l'Histoire des animaux
fort intéressant, et orné de 24 figures.

A PARIS,

Chez SAINTIN, Libraire – Commissionnaire,
rue de l'Eperon-Saint-André-des-Arts, n° 6.
1812.

ÉLÉMENS

D'HISTOIRE NATURELLE,

POUR L'INSTRUCTION

ET L'AMUSEMENT DES ENFANS.

ANE.

CET animal diffère beaucoup du cheval par la petitesse de sa taille, par ses longues oreilles, par sa queue, qui n'est garnie de poil qu'à l'extrémité, par son port, qui n'a pas la noblesse de celui du cheval, par son braire désagréable. On lui reproche plusieurs vices dans le caractère ; mais combien de qualités utiles rachètent ses défauts ! Il est sobre , tempérant; on le met à tout, il est dur et patient au travail : c'est la ressource des gens de campagne qui ne peuvent pas acheter un cheval et le nourrir. Cet animal est originaire d'Arabie. Il vit en société dans la Libye, dans la Numidie ; on en voit des troupes qui marchent ensemble. Lorsqu'ils aperçoivent quelqu'un , ils jettent un cri et font une ruade, s'arrêtent , et , ainsi que les chevaux sauvages, ne fuient que lorsqu'on les approche. L'Ane s'est naturalisé sous d'autres climats : plus les pays sont froids, plus cet animal a perdu de sa première nature. Les Arabes en ont un aussi grand soin que de leurs chevaux. Ils les dressent à aller à l'amble : ils leur fendent les naseaux, pour qu'ils puissent respirer plus aisément dans la vitesse de la course, qui est aussi vive que celle des chevaux. Cette espèce a dégénéré dans nos climats.

BLAIREAU.

Le Blaireau est farouche, et ne s'apprivoise que dans l'extrême jeunesse : alors il suit comme le chien, auquel il ressemble par le museau. Il a sous la queue une espèce de poche, d'où il suinte une liqueur onctueuse et fétide, qu'il aime à sucer. Il passe sa vie solitaire dans des souterrains pratiqués au milieu des forêts les plus sombres. Son gîte ténébreux est toujours propre. Il n'y fait jamais ses ordures. On dit que le renard, qui connaît son goût pour la propreté, et qui n'a pas la même facilité que lui à creuser la terre, tâche de lui faire abandonner son domicile, en l'infectant de ses ordures.

CAMÉLÉON.

On distingue plusieurs espèces de Caméléons. Cet animal se trouve au Mexique, en Arabie, en Égypte, au Sénégal.

Sa gueule, très-ample, est garnie
de petites dents. Sa langue est
susceptible de s'allonger presque de la longueur de son corps.
Elle est visqueuse. Lorsqu'il
aperçoit des fourmis, des mou-
ches ou autres insectes autour d'une branche , il les enveloppe avec sa langue, la retire, et les avale. Il peut vivre
cinq ou six mois sans prendre
de nourriture. Il se contente
d'ouvrir la bouche, d'aspirer
un air frais, et dans ce moment
il fait des mouvemens pleins
de gentillesse. La particularité
singulière qu'ont ces animaux
de paraître sous diverses couleurs, les a fait servir d'em-

blème pour désigner la basse adulation des flatteurs. Selon quelques naturalistes, chaque passion imprime à la peau de cet animal une teinte de couleur différente. Dans la joie, il est d'un vert d'émeraude mêlé d'orange, entrecoupé de bandes grises et noires ; dans la crainte, d'un jaune pâle ; dans la colère, d'une couleur obscure et livide.

DEVIN.

Ce serpent, qui parvient communément à la longueur de plus de vingt pieds, est le plus grand et le plus fort de tous les serpens. La nature lui

a accordé la beauté, le courage
et l'industrie. N'ayant point de
venin, il combat avec har-
diesse, oppose la force à la
force, et ne dompte que par
sa puissance. Il y a de quoi
frémir, en lisant dans les rela-
tions des voyageurs la manière
dont l'énorme serpent Devin
s'avance au milieu des herbes
hautes et des broussailles, sem-
blable à une longue poutre que
l'on remuerait avec vitesse. On
aperçoit de loin, par le mouvement des plantes qui s'inclinent
sous son passage, l'espèce de
sillon que tracent les diverses
ondulations de son corps : on
voit fuir devant lui les trou-

peaux de gazelles et d'autres animaux dont il fait sa proie. Le seul moyen de se garantir de sa dent meurtrière dans ces solitudes immenses, est de mettre le feu aux herbes déjà à demi brûlées par l'ardeur du soleil; car le fer ne suffit pas contre ce dangereux ennemi, surtout lorsqu'il est irrité par la faim. En vain voudrait-on lui opposer des fleuves, ou chercher un abri sur des arbres; il nage avec assez de facilité pour traverser des bras de mer, et roule avec promptitude jusqu'aux cimes les plus hautes. Lorsque le Devin aperçoit un ennemi dangereux, ce

n'est point avec ses dents qu'il
commence le combat; mais il
se précipite avec tant de rapidité sur sa malheureuse vic-
time, l'enveloppe avec tant de
contours, et la serre avec tant
de force, qu'il rend ses armes
inutiles, et la fait bientôt ex-
pirer sous ses puissans efforts.
Si l'animal immolé est trop
considérable pour que le Devin puisse l'avaler, malgré la
grande ouverture de sa gueule,
et la facilité qu'il a de l'agran-
dir, il continue de presser sa
proie; et, pour la briser avec
plus de facilité, il l'entraîne
en se roulant avec elle auprès
d'un gros arbre, dont il ren-

ferme le tronc dans ses replis, la place entre l'arbre et son corps, les environne l'un et l'autre de ses nœuds vigoureux, et, se servant de la tige noueuse comme d'un levier, il redouble ses efforts, et parvient à comprimer en tout sens le corps de l'animal qu'il a immolé. Après avoir donné à sa proie toute la souplesse qui lui est nécessaire, il continue de la presser pour l'allonger, et pétrit avec sa salive cet amas de chairs ramollies et d'os concassés. Quelquefois il ne peut en engloutir que la moitié : alors la dernière partie reste à découvert jusqu'à ce que la première ait été digérée. Cet animal terrible étouffe même l'éléphant.

ÉLÉPHANT.

Cet animal, le plus grand des quadrupèdes, habite les climats chauds de l'Afrique et de l'Asie. En considérant l'Éléphant à l'extérieur, il semble mal proportionné : son corps est gros et court, ses pieds ronds et tortus, sa tête grosse, ses yeux petits, et ses oreilles très-grandes ; mais, sous les dehors les moins avantageux, il possède les meilleures et les plus étonnantes qualités. Il a l'intelligence du castor, l'adresse du singe, le sentiment du chien. A ce mérite se réunissent les avantages particuliers, la force, la grandeur, la longue durée de sa vie. « Ses » yeux, dit M. de Buffon, quoi- » que petits relativement au » volume de son corps, sont » brillans et spirituels. C'est » l'expression pathétique du » sentiment. Il les tourne len- » tement et avec douceur vers » son maître. Il a pour lui le » regard de l'amitié, celui de » l'attention lorsqu'il parle, le » coup d'œil de l'intelligence » lorsqu'il l'écoute, celui de la » pénétration lorsqu'il veut le » prévenir : il semble réfléchir,

» délibérer, penser, et ne se dé-
» terminer qu'après avoir exa-
» miné et regardé à plusieurs
» fois, et sans précipitation,
» sans passion, les signes aux-
» quels il doit obéir. Il joint au
» courage la prudence, le
» sang-froid, l'obéissance ; se
» souvient des bienfaits, des
» injures ; à la voix de son maî-
» tre, il modère sa fureur ;
» dans sa colère, il ne mécon-
» naît point ses amis. Redou-
» table par sa force, il ne fait
» pas la guerre aux autres ani-
» maux, ne se nourrit que de
» végétaux. »

On en voit qui ont jusqu'à quinze pieds de hauteur. Leur

trompe est un bras nerveux qui déracine les arbres, et une main adroite qui saisit les corps les plus minces et les détaille en petits morceaux. L'Éléphant ramasse l'herbe avec sa trompe, la porte à sa bouche. Lorsqu'il a soif, il trempe le bout de sa trompe qu'il aspire, en remplit la cavité, la recourbe pour porter l'eau jusque dans son gosier. Il soulève avec sa trompe un poids de deux cents livres. L'Éléphant, outre sa trompe, est encore muni de défenses redoutables : ce sont deux espèces de dents, longues de quelques pieds, et un peu recourbées en haut ; il s'en sert pour attaquer et se défendre contre ses ennemis.

Lorsque cet animal est en colère (ce qui lui arrive rarement) il n'y a que deux moyens de l'apaiser : l'un, de lui jeter quelques pièces d'artifices enflammeés; l'autre , de lui demander grâce , car il a de la générosité. Un homme qui gouvernait depuis long-temps un Éléphant , et qui l'avait trouvé toujours docile tant qu'il n'avait exigé de lui que des choses raisonnables , le maltraita un jour injustement. L'animal , outré de ce mauvais procédé , tua son maître. Cet homme

avait une femme et deux fils
encore très-jeunes. Sa femme,
au désespoir, présenta ses enfans à l'Éléphant, comme pour
lui dire de les immoler aussi.
Ce tableau touchant attendrit
l'animal irrité; et, pour réparer, autant qu'il était possible,
le meurtre qu'il venait de com-
mettre, il prit doucement avec
sa trompe l'aîné des deux enfans, le plaça sur son dos, le
regarda dès lors comme son
maître, et se laissa toujours
conduire par lui.

FURET.

Ce petit animal, originaire
des pays chauds, est délié,

souple et grand chasseur de lapins. Son œil est vif, son naturel colère, et cependant facile à apprivoiser, et docile ; il sent mauvais, surtout lorsqu'on l'irrite. On élève en France les petits dans des cages ou tonneaux garnis d'étoupes : du pain, du lait et du son, voilà leur nourriture. L'homme, toujours industrieux pour faire tourner à son profit l'instinct et l'industrie des animaux, tire avantage du naturel carnassier du Furet. On le mène à la chasse ; on le lâche dans les trous des lapins, après l'avoir muselé, afin qu'il ne tue pas les lapins dans le fond du terrier, et qu'il oblige seulement ceux qu'il a harcelés, à en sortir, et à se je-ter dans le filet dont on couvre l'entrée. Si le Furet n'était pas muselé, il sucerait le sang du lapin jusqu'à le faire mourir, puis il s'endormirait dans le terrier : en sorte que le Furet et le lapin seraient perdus pour le chasseur, surtout lorsque le terrier a plusieurs issues ; et alors la fouille et la fumée que l'on fait dans le terrier ne sont pas toujours un sûr moyen de ramener le Furet, parce qu'il peut sortir sans qu'on le voie. Cette antipathie contre les la-pins est tellement naturelle aux Furets, que cet animal, dans sa

Giraffe.   Hiène.

I. Chneumon   Joco.

Kraken.   Lion.

plus grande jeunesse, s'éveille
à la présence d'un lapin vivant
ou mort ; il se jette dessus avec
fureur.

GIRAFE.

La Girafe a la tête et le cou
comme ceux du chameau ; elle
a le dos tacheté comme les léo-
pards ; ses jambes de devant
sont beaucoup plus longues que
celles de derrière, en sorte que
cet animal paraît boiter en
marchant. Il n'est pas si gros
que l'éléphant, mais il est plus
haut ; il a les crins du cheval.
Sa tête est ornée de deux cor-
nes très-courtes. Sa langue est
longue de deux pieds : il s'en

sert pour brouter l'herbe et les feuilles. La Girafe se trouve dans les déserts brûlans de l'Afrique. C'est un animal doux à gouverner. Plusieurs empereurs romains en ont orné leurs triomphes.

HYÈNE.

L'Hyène se trouve dans les pays chauds de l'Afrique et de l'Asie. Elle est à peu près de la grandeur du loup ; mais son corps est plus court et plus ramassé, et ses jambes plus longues, surtout celles de derrière. Son naturel est sauvage et solitaire. Elle habite les fentes des rochers, les cavernes,

et les souterrains qu'elle se
creuse. On a donné beaucoup
de merveilleux à l'histoire de
cet animal : on a supposé, par
exemple, qu'il se laissait prendre au son des instrumens, qu'il
imitait la voix humaine, appe-
lait les bergers par leurs noms,
et mille autres absurdités de
cette espèce. Les naturalistes,
plus amis de la vérité que du
merveilleux, nous apprennent
que l'Hyène est d'un naturel
féroce et carnassier, qui ne
s'apprivoise jamais. Son cri
imite le mugissement du veau ;
ses yeux, brillans dans l'obscu-
rité, voient mieux la nuit que
le jour. Courageuse, elle se dé

fend contre le lion, attaque la panthère, terrasse l'once, se jette sur l'homme, suit de près les troupeaux, rompt souvent la nuit les clôtures des bergeries et les portes des étables pour dévorer les bestiaux. A défaut de proie, elle déterre avec ses ongles les cadavres, dont elle fait sa nourriture. L'hyène qui fit tant de ravages dans le Gévaudan en 1764, 1765 et 1766, n'était peut-être qu'une espèce de loup-cervier.

ICHNEUMON.

Ce petit animal, du genre des belettes, est vif, léger, colère, plein de courage, hardi

il rampe avec finesse, ou se
lance comme un trait sur sa
proie; s'assied sur son derrière:
ses jambes de devant lui servent de mains pour manger,
de gobelet pour boire. Il a sous
le ventre une poche, d'où suinte
une liqueur odorante. Il est susceptible d'éducation, et s'apprivoise très-bien, devient familier et badin, prend de l'hu-
meur lorsqu'on le trouble pendant qu'il mange; car ses ap-
pétits sont véhémens. On lui a
rendu en Égypte les honneurs
divins, à cause des grands services qu'il rend: il déterre dans
le sable les œufs de crocodiles,
mange les jeunes, attaque des

serpens venimeux. Les morsu-
res qu'il reçoit dans les com-
bats, ne lui font pas lâcher
prise. On prétend qu'il a l'art
de se cuirasser ; il se vautre
dans la boue, elle se sèche sur
lui, et lui forme une sorte de
cuirasse.

LION.

Le Lion est le plus fort et le
plus terrible des animaux ; d'un
coup seul de sa queue il peut
tuer un homme : mais il n'attaque que lorsque la faim le
presse. Pris jeune, il s'apprivoise, et à tout âge il est sensible aux bienfaits. Une lionne
que l'on tenait enchaînée, fut

atteinte d'un mal violent qui l'empêchait de manger ; comme on désespérait de sa guérison, on lui ôta sa chaîne, et on jeta son corps dans un champ. Ses yeux étaient fermés, et sa gueule se remplissait de fourmis, lorsqu'un passant l'aperçut. Croyant remarquer quelque reste de vie dans cet animal, il lui fit avaler un peu de lait. Un remède si simple eut les effets les plus prompts. La lionne guérit ; et elle conçut une telle affection pour son bienfaiteur, qu'elle se laissait conduire avec un cordon, comme le chien le plus familier. Tel est le pouvoir des bienfaits *sur les caractères même les plus rebelles.*

MARMOTTE.

La Marmotte habite les Alpes, les Pyrénées. Le lieu de sa retraite est de préférence l'exposition du levant et du midi. Cet animal se nourrit d'insectes, de fruits, de légumes, n'a point d'appétit véhément, vit en petite société, sommeille presque toujours. Son domicile est construit avec un art singulier sur le penchant d'une colline. Il creuse un trou en forme d'*y*. Une des branches plus élevée sert d'entrée. Le fond, en cul-de-sac, est sa

Marmotte.　　　　Nigaud.

Ours.　　　　Panthère.

Quapactot　　　　Renard.

retraite. L'autre branche, dis-
posée en pente, plus basse que
la première, sert à faire écouler
dehors les excrémens et les uri-
nes. Mollesse, propreté, rè-
gnent dans son habitation. Il
repose sur des couchettes
d'herbes fines et de mousse.
Plusieurs se réunissent ensemble pour construire le domicile.
L'un creuse, d'autres vont chercher la mousse. On a prétendu
que chacun d'eux servait de
voiture à son tour. Il se met,
dit-on, sur le dos; on le charge
de mousse, de foin; ses jambes
servent de ridelles. On traîne
ainsi la provision. C'est, dit-on,
la raison pour laquelle leur dos

est toujours pelé. Comme ces animaux habitent continuellement sous terre, cette raison seule suffit pour expliquer le fait. Le domicile une fois préparé, est pour tous les descendans de chaque famille, à moins que quelque chasseur, ou quelque bouleversement souterrain ne le détruisent. Chaque femelle met bas cinq ou six petits. On ne sort que lorsque le temps est chaud, beau, serein. On va jouer, se divertir, brouter l'herbe avec sécurité. Une sentinelle, placée sur le sommet d'un rocher, avertit la troupe du moindre danger. Aperçoit-elle un aigle, un chien , un homme : elle donne un coup de sifflet. Toute la gent marmottine se retire dans sa tanière. La sentinelle ne rentre que la dernière. A l'approche de l'hiver, les Marmottes bouchent les deux ouvertures de leur domicile avec de la terre si exactement, qu'on n'en peut distinguer la place. Ces petits animaux se roulent les uns à côté des autres , à trois ou quatre pouces de distance. Leur sang n'a que le degré de chaleur de la température de l'air. Dès que le froid commence, il circule avec plus de lenteur, et cette lenteur suit la progression du froid. Pendant l'hiver, ils restent engourdis dans un état de léthargie sans prendre de nourriture. Comme ils ne perdent alors presque rien par la transpiration, ils n'ont pas besoin de réparer. C'est pendant l'hiver qu'on les saisit dans leur retraite. En été, ils creuseraient sous terre, à mesure qu'on avancerait. Ces animaux deviennent familiers. Ils s'asseyent sur le derrière, se servent de leurs pates de devant comme de mains pour manger. Les Savoyards indigens dressent cet animal à plusieurs petits exercices, et le promènent dans toute l'Europe. L'adresse avec laquelle il grimpe entre deux rochers , leur a, dit-on , servi de leçon pour grimper dans les cheminées.

ORANG-OUTANG.

Cet animal se trouve en Afrique et dans les climats chauds de l'Asie. Il se nourrit de fruits et de graines. Sa force est , dit-on, si extraordinaire , que dix hommes robustes ne peuvent en arrêter un seul. Dans l'état sauvage, il se rend redoutable aux Nègres, construit des cabanes pour s'y mettre à l'abri du soleil et de la pluie , et dort sur les arbres. Sa taille s'élève au moins à six ou sept pieds.

L'Orang-Outang a l'air triste
et la démarche grave. Il est
d'un naturel doux, et s'apprivoise si aisément, que, quand
on le prend jeune, il obéit au
moindre signe, et rend autant
de services dans une maison,
qu'un domestique ordinaire.
On en a vu s'asseoir à table,
déployer leur serviette, se servir de la cuiller, du couteau et
de la fourchette, se verser à
boire dans un verre, choquer
le verre lorsqu'ils y étaient in-
vités, aller prendre une tasse
ou une soucoupe, l'apporter
sur la table, y mettre du sucre,
y verser du thé, le laisser re-
froidir pour le boire, se prome-

ner gravement avec les hommes, et leur présenter la main
pour les reconduire.

PANTHÈRE.

L'œil inquiet et farouche de
cet animal annonce la férocité
de son caractère. Habitant des
climats brûlans de l'Afrique et
de l'Asie, les forêts les plus
épaisses lui servent de repaire.
Il n'en sort que pour rôder
autour des habitations isolées
et sur les bords des fleuves, et
dévorer les animaux domestiques et autres, qui vont avec
sécurité se désaltérer. La Panthère est agile, ses mouvemens
sont brusques. Elle grimpe fa-

cilement aux arbres. Les chats sauvages n'échappent pas à son appétit vorace. Ses dents fortes et aiguës, et ses ongles tranchans, sont les armes offensives dont elle se sert pour déchirer cruellement sa proie. Ses cris imitent la voix d'un dogue furieux. Cet animal ne se jette sur l'homme que dans un accès de colère ; mais cette fierté sauvage et sanguinaire cède quelquefois, et jusqu'à un certain point, à l'adresse humaine. Les habitans de la Barbarie viennent à bout de dompter la Panthère, de la dresser, de s'en servir au lieu du chien pour aller à la chasse. Enfermée dans une cage de fer, et traînée sur une charrette, on ne lui donne la liberté qu'à la vue du gibier. Elle s'élance avec impétuosité, se jette en trois ou quatre sauts sur la bête, la terrasse et l'étrangle. La honte d'avoir manqué son coup la rend si furieuse, qu'elle attaquerait son maître, si celui-ci n'avait la précaution de lui lâcher, soit un agneau, soit un chevreuil, ou de lui jeter des morceaux de viande dont il a fait provision pour opposer à sa rage. Les voyageurs, les Nègres et les Indiens mangent volontiers la chair de la Panthère. Sa belle fourrure est très-estimée.

RENARD.

Ce que le loup fait par la force, le Renard le fait par la ruse, et réussit mieux; mais sa finesse est toujours accompagnée de bassesse et de méchanceté. Il commence par creuser, à l'entrée d'un bois, une demeure souterraine pour se mettre en sûreté avec sa famille. De là il entend les coqs des villages voisins, et, dirigé par leur voix, il vient la nuit rôder doucement autour des basses-cours. S'il peut pénétrer dans un poulailler, il met toutes les volailles à mort, et les emporte les unes après les autres dans son terrier. Son adresse est telle, qu'il surprend les oiseaux qui voltigent le long des haies.

Cet animal vorace détruit les lapereaux, les levrauts, et saisit même quelquefois les lièvres au gîte. Quand il trouve une caille ou une perdrix sur ses œufs, il mange la mère et les enfans à naître. Pressé par la faim, il dévore des mulots, des grenouilles; il se nourrit aussi d'insectes, de fruits et de miel.

Sa peau mue quand il est pris jeune, ou pendant l'été. En France, il est ordinairement de couleur rousse, avec la gorge mêlée de blanc et de noir; mais on connaît, dans le nord, le renard blanc, le noir, le bleu, le gris de toutes nuances, le blanc à pieds fourrés, le blanc à tête noire, etc. Sa longueur moyenne est de deux pieds trois pouces.

TIGRE.

Ce quadrupède redoutable habite les contrées sauvages et les îles désertes de l'Asie et de l'Amérique. La force, l'agilité, la légèreté, la souplesse secondent son naturel féroce et carnassier. Cruel par instinct, méchant par caractère, furieux par habitude, toujours altéré de sang, cet animal destruc-

Singe.   Tigre.

Uneau.   Veau - Marin.

Xochiton   Ygnane.

teur, plus à craindre que le
lion, sans attendre le besoin,
sans être excité par le désir de
la vengeance, étrangle, met en
pièces, dévore tous les êtres
animés qu'il peut apercevoir.
Sa rage insatiable ne connaît
point d'intervalles. C'est un ty-
ran brutal qui voudrait dépeu-
pler l'univers pour régner seul
au milieu des victimes qu'il im-
mole à sa fureur aveugle. Ses
ongles crochus et mobiles, et
ses dents meurtrières, sont les
instrumens de sa tyrannie, qu'il
étend jusque sur sa propre famille : il n'épargne pas même
sa femelle, lorsqu'elle veut
soustraire ses petits à son ap-

pétit sanguinaire. Sa férocité est peinte dans ses yeux hagards et étincelans ; sa malice , dans sa figure basse. Une face mobile, une gueule ensanglantée, une langue pendante, une voix rugissante, un grincement de dents continuel , tels sont les signes apparens de cette méchanceté noire qui met en mouvement tous les ressorts organiques de cet animal vorace : troupeaux domestiques , bêtes sauvages , petits éléphans, jeunes rhinocéros, rien n'échappe à ses poursuites. Il s'élance par bonds sur sa proie, plonge sa tête dans l'animal qu'il éventre, en suce le sang avec avidité, semble regretter celui qui se perd par effusion. Pour jouir en paix de sa conquête, il entraîne au fond des bois avec une rapidité singulière le buffle, le cheval et autres gros animaux, et les dépèce à son aise sans admettre d'associé, sans souffrir de partage.

Il n'est permis à aucun être vivant d'exister partout où réside le tigre. A Sumatra, les maisons sont élevées sur des pieux de bambou, pour se mettre à l'abri de ses incursions. Dans le Gange, il se met à la nage, surtout pendant la nuit, et s'élance sur les petits bâtimens qui sont à l'ancre. On est obligé de veiller continuellement. La terreur qu'il répand dans les lieux qu'il habite, l'exposerait à mourir de faim, s'il n'avait recours à la ruse. Il attend au bord des fleuves et des lacs les animaux qui viennent s'y désaltérer. Tous les soins d'une éducation douce, paisible, le changement de nourriture, les bons traitemens, la contrainte, l'esclavage, rien ne peut adoucir le caractère indocile et carnassier du Tigre. Le combat d'un Tigre contre trois éléphans, rapporté par le P. Taschard, était fort inégal. On fit entrer au milieu d'une en-

ceinte de cent pieds en carré,
trois éléphans destinés pour
combattre le tigre : ils avaient
un grand plastron en forme de
masque pour les garantir. Le
tigre, enchaîné par deux cordes,
ne fut mis en liberté dans l'a-
rène qu'après avoir été ter-
rassé par la trompe d'un éléphant. Revenu de son étour-
dissement, il se releva avec fureur, jeta des hurlemens épou-
vantables, et aurait déchiré la
trompe, si l'éléphant ne l'eût re-
pliée lestement à l'ombre de ses
défenses, avec lesquelles il fit
sauter le tigre en l'air. Celui-ci
vaincu, mais plus terrible, s'é-
lançait quelquefois vers les

loges des spectateurs. Les trois éléphans s'avancent vers lui, le frappent rudement; il contrefait le mort. C'en était fait de lui, si l'on n'eût pas fait cesser le combat.

VEAU MARIN.

Cet animal est véritablement amphibie. Il nage mieux qu'il ne marche, fréquente les côtes plus que la haute mer, est presque insensible au chaud et au froid; vit de chair, d'herbe, de poisson; sent fort mauvais, a l'ouïe assez fine lorsqu'il n'est pas endormi; miaule comme un chat dans sa jeunesse, et aboie comme un chien enroué lorsqu'il est plus fort ; vient souvent dormir à terre, ou sur les rochers, ou sur les glaçons, surtout au soleil ; imite, en ronflant, le beuglement du veau, et se laisse approcher sans s'éveiller. Il est naturellement courageux. Ses dents tranchantes et ses ongles crochus sont ses armes vigoureuses, avec lesquelles il attaque et se défend. Dans les grands orages, il vient se jouer sur les côtes au bruit du tonnerre et au feu des éclairs : on dirait qu'il s'amuse de ces désordres de la nature.

L'YGUANE.

L'Yguane forme, par l'éclat de ses couleurs et le brillant de ses écailles, un des principaux ornemens de ces immenses forêts qui couvrent une partie de l'Amérique méridionale. Cet animal ne cherche point à nuire, et ne se nourrit que de végétaux et d'insectes. Il ne laisse pas cependant d'intimider, lorsque, agité par la colère et animant son regard, il fait entendre un sifflement, secoue sa longue queue, gonfle sa gorge, et redresse ses écailles hérissées de pointes. Lorsqu'il a reçu quelque éducation, il

reste volontiers dans les jar-
dins, et passe même la plus
grande partie du jour dans les
appartemens. Sa chair est ex-
cellente à manger. La femelle
pond depuis treize œufs jusqu'à ving-cinq. Les Yguanes
se retirent dans des creux de
rochers ou dans des trous d'arbres. On les voit s'élancer avec
une agilité merveilleuse jusqu'au plus haut des branches,
autour desquelles ils s'entor-
tillent de façon à cacher leur
tête au milieu des replis de
leur corps. Lorsqu'ils sont re-
pus, ils vont se reposer sur les
rameaux qui avancent au-dessus de l'eau, et demeurent

comme engourdis. C'est ce moment que l'on choisit au Brésil
pour les prendre. Lorsqu'un
chasseur voit un de ces animaux
ainsi étendu sur des branches,
et s'y pénétrant de l'ardeur du
soleil, il commence à siffler :
l'Yguane, qui semble prendre
plaisir à l'entendre, avance la
tête peu à peu ; le chasseur
s'approche en continuant de
siffler, et chatouille la gorge de
l'animal avec le bout d'une
perche. Celui-ci souffre cette
espèce de caresse sans témoi-
gner aucune peine, se retourne
même comme pour en jouir
avec volupté. Lorsqu'il a porté
sa tête hors des branches, le

chasseur lui passe au cou une corde noire en forme de lacs, qu'il a au bout d'un bâton, et le fait tomber à terre par une violente secousse.

ZÈBRE.

La peau du Zèbre est rayée de noir et de jaune clair, avec tant de symétrie, qu'il semble qu'on a pris le compas pour la peindre. C'est un âne sauvage qui marche avec une grande vitesse, mais qu'on ne peut monter, parce qu'il est indocile et têtu. Avec sa gentillesse, on le préférerait au cheval, s'il était, comme lui, susceptible d'éducation et familier.

3

JAGUAR.

Quadrupède du genre des chats et de l'ordre du carnassier. Cet animal, très-cruel, grimpe sur les arbres avec la vivacité de l'éclair : il commet de grands dégâts dans les troupeaux, et parmi les autres animaux. La présence de l'homme ne lui fait pas peur. Pressé par la faim, il se jetterait aussi sur lui pour le dévorer. Il se trouve dans les contrées méridionales de l'Amérique.

KRAKEN.

Cet animal, d'un aspect hideux, est appelé l'*Animal aux grands bras* : il en a huit, et qui sont si excessivement longs et forts, qu'au rapport de plusieurs navigateurs, il parvient à embrasser un navire et à le faire chavirer. Heureusement cet animal ne se trouve que dans les mers très-éloignées. Il est fort rare.

NIGAUD.

Cet animal, qui est originaire des pays chauds, n'est curieux que par son air gauche à marcher, son indolence, et généralement par sa bêtise ; ce qu'on ne croirait pas en le voyant.

QUA-PACTOL.

On l'appelle aussi *l'oiseau rieur*. Il habite le Mexique. Une chose fort curieuse, c'est que son cri imite parfaitement le rire de l'homme. On raconte que des matelots qui cherchaient un de leurs camarades, égaré dans une petite île où ils étaient descendus depuis deux jours, trompés par le cri de cet oiseau, s'imaginèrent que c'était leur camarade qui se cachait et se moquait d'eux; ce qui les mit contre lui dans

une colère d'autant plus grande,
que depuis quatre heures ils
couraient après lui sans pouvoir l'attraper, quoiqu'ils crus-
sent bien l'entendre rire : ce qui
les taquina tant, que, d'un com-
mun accord, ils lui promirent
une bonne volée de coups de
bâton s'ils pouvaient l'attraper. Enfin, à force de recher-
ches, ils trouvèrent le pauvre
diable, qui, de son côté, cher-
chait depuis long-temps , et
accourut à eux les bras ouverts
de joie; mais, pour embrassade,
ils commencèrent par lui ap-
pliquer chacun une douzaine
de coups de bâton, en lui criant
tous à la fois aux oreilles : **Ris!**

ris ! ris ! Mais le pauvre diable, au lieu de rire, se mit à crier comme un aveugle, en se sentant étriller de la sorte ; et ils l'auraient rossé bien plus long-temps, si l'oiseau, qui était cause de cette mauvaise aventure, n'était venu se percher positivement au-dessus de la tête de ce malheureux, en riant de toutes ses forces ; ce qui faisait un drôle de charivari. On s'aperçut alors de la méprise, et une bouteille de vin, qu'ils payèrent au pauvre battu, le rendit gai comme pinçon.

SINGE.

Le Singe est bien le plus

drôle d'animal qu'on puisse voir : vif , spirituel , d'une adresse presque incroyable , il ne lui manque absolument que la parole. L'idée qu'en ont les Nègres d'une partie de l'Amérique est plaisante. Ils disent , en parlant des singes : *Eux petit peuple, et eux pas parler , paque eux veut pas travailler.* On raconte qu'un marchand de bonnets de coton , voyageant à pied dans un pays où ces animaux se trouvent en grand nombre, se coucha, sans y faire attention , sous un arbre sur lequel il y en avait beaucoup ; et comme son chapeau le gênait pour dormir, il l'ôta , défit son ballot, en tira un bonnet, le mit sur sa tête, et s'endormit fort paisiblement. Les singes, qui le regardaient faire très-attentivement, ne l'eurent pas plus tôt entendu ronfler, qu'ils descendent tous, ouvrent bien doucement le ballot, en tirent chacun un bonnet de nuit, le mettent sur leur tête, et re-grimpent, ainsi coiffés, se re-mettre à leur place. Lorsque notre marchand fut réveillé, son premier soin fut de jeter les yeux sur son ballot ; mais quel fut son chagrin de le trouver vide, à cela près d'une dixaine de bonnets qui n'a-vaient pas trouvé de maîtres !

Il crie : Aux voleurs ! il tempête, et, dans son désespoir, il lève les yeux au ciel pour l'accuser de son malheur ; mais quelle fut sa surprise, de voir au-dessus de lui une centaine de mauvais garnemens de singes avec chacun un bonnet sur la tête, qui le regardaient bien tranquillement se désoler! Dans le premier moment de sa surprise, il ne put s'empêcher de rire comme un fou, d'un spectacle aussi drôle ; mais quand il vint à réfléchir au moyen de ravoir ses bonnets, il n'eut plus envie de rire. En effet, comment s'y prendre? Courir après une centaine de singes ! il se

serait bien rompu cent fois le
cou, qu'il n'en aurait pas seulement eu la queue d'un. Enfin,
à force de réfléchir, il s'avisa
d'un excellent moyen. Ce fut
d'ôter son bonnet de dessus sa
tête, d'en faire une petite pe-
lotte en le roulant, et de le
jeter ainsi à terre de toutes ses
forces. Il n'eut pas plus tôt fini,
que voilà tous nos singes qui se
décoiffent, font de petites pe-
lottes de leurs bonnets, et les
jettent à terre. Il ne faut pas
demander si notre marchand
fut prompt à les ramasser, et à
décamper.

UNEAU.

Cet animal, qui est de la grosseur du mouton, se trouve dans la partie méridionale de l'Amérique. Il est si paresseux et si lent, qu'il lui faut un jour entier pour grimper sur un arbre, et un jour aussi pour en descendre ; il est même obligé de se laisser tomber, pour ne finir. Heureusement qu'il n'est pas né sensible.

XOCHITON.

On nomme aussi cet oiseau *l'inconnu*, parce qu'il est d'a-bord fort rare, et ensuite si sauvage, qu'on n'en peut approcher qu'à une grande distance. Il se trouve dans le Mexique.

FIN.

DE L'IMPRIMERIE DE FAIN, N°. 4.